妈妈和我
烘焙

曹亚君 译

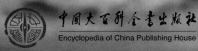

中国大百科全书出版社
Encyclopedia of China Publishing House

Original Title: Mummy & Me Bake
Copyright © 2015 Dorling Kindersley Limited,
A Penguin Random House Company

北京市版权登记号：图字01-2018-0297

图书在版编目（CIP）数据

烘焙 / 英国DK公司编；曹亚君译. — 北京：中国
大百科全书出版社，2019. 1
（DK妈妈和我）
书名原文：Mummy & Me Bake
ISBN 978-7-5202-0349-4

Ⅰ. ①烘⋯ Ⅱ. ①英⋯ ②曹⋯ Ⅲ. ①烘焙—糕点加
工—儿童读物 Ⅳ. ①TS213.2-49

中国版本图书馆CIP数据核字（2018）第209728号

译　　者：曹亚君

策 划 人：武　丹
责任编辑：吴　宁
封面设计：袁　欣

DK妈妈和我　烘焙
中国大百科全书出版社出版发行
（北京阜成门北大街17号　邮编 100037）
http://www.ecph.com.cn
新华书店经销
北京华联印刷有限公司印制
开本：889毫米×1194毫米　1/16　印张：15
2019年1月第1版　2019年1月第1次印刷
ISBN 978-7-5202-0349-4
定价：168.00元（全3册）

A WORLD OF IDEAS:
SEE ALL THERE IS TO KNOW

www.dk.com

目录

这个图标所在的页面能够让你学到额外的烘焙知识。

烘焙基础

烘焙充满了乐趣。通过这本书，你将学会制作各种各样的美食。为了确保你的安全，这里列出了几条重要的厨房守则。请时刻注意安全并遵循操作指南。

厨房守则

- 当你在厨房时，应该请家长帮忙把食物放进和取出烤箱。
- 如果需要使用电器或锋利的器具，应该请家长帮忙。
- 处理食材前后都要洗手。尤其是在处理完生鸡蛋和生肉后，一定要将手洗干净。
- 开始处理食材以后，就不可以再舔手指了。
- 检查所有食材的保质期。
- 按照包装袋上的说明储存食材。
- 甜点作为一类特殊的美食，也是均衡膳食的一部分。

准备开始

1 开始之前，请阅读操作指南。
2 提前集中摆放好所需的一切物品。
3 准备一块抹布，以便随时清理溢出的食物。
4 系上围裙，绑好头发，洗净双手。

 注意安全

书中所有的烘焙活动均应在家长监护下进行。当你看到三角形警示标志时，需要格外小心。在烘焙过程中使用电器或锋利的器具时，记得请家长帮忙。

符号解释

准备时间	烘焙时间	食物总量
准备工作所需时长	需要在烤箱中烘焙的时长	能做出多少份或供几人食用

洗手

基本烘焙工具

这里列出了在烘焙过程中经常使用的工具。你需要使用它们制作书中的美食。

面粉罐

面粉筛

纸托

蛋糕模具

烘焙纸

麦芬盘

擀面杖

勺子

糕点刷 •••• ⌐

烤盘

电动打蛋器 ••••• ⌐

面饼切模

冷却架

围裙

搅拌碗

称量与计算

更多发现

烘焙是厨房里的化学。你需要严格按照配方称量食材，才能做出达到预期效果的美味佳肴。以下是几种不同的称量食材的工具。

量匙用于准确地称量少量的食材。

量碗在一些国家是用于称量粉状食材的。

茶匙 ·······

汤匙 ·······

为了更加准确，可以用抹刀刮平碗口。

1/4 茶匙　1/2 茶匙　1 茶匙　1/2 汤匙

1汤匙

量碗 ·······

英制单位

盎司（oz）、磅（lb）
1 磅 = 16 盎司

公制单位

克（g）、千克（kg）
1 千克 = 1000 克

世界各地的称量方法

不同国家使用不同的单位制。食谱可能使用公制单位，也可能使用英制单位，只要你能确保在同一配方中不发生混淆，实际使用哪种计量单位无所谓。

厨房秤用于称量固体食材。通常厨房称上既有公制单位，又有英制单位。

量杯用于量取液体。为了准确，看刻度时视线应与液面相平。

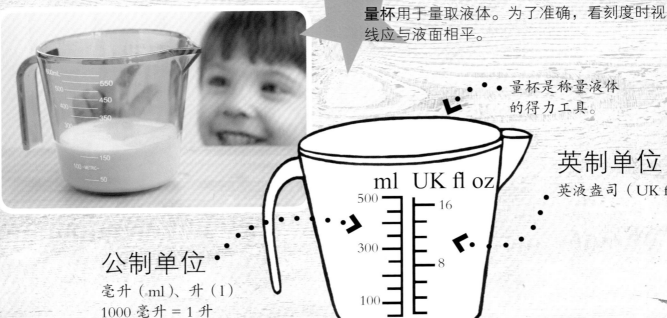

量杯是称量液体的得力工具。

英制单位

英液盎司（UK fl oz）

公制单位

毫升（ml）、升（l）
1000 毫升 = 1 升

更多发现

魔法配方

像变魔术一样，普通的白砂糖、鸡蛋、黄油和面粉在烤箱里变成了饼干。但是你知道它们发生了什么反应吗？以下是这几种食材在混合后各自的作用。

白砂糖

大家都知道白砂糖可以增加甜度，但是你知道吗，白砂糖经过高温加热变成焦糖并且吸收水分后，能使饼干变成诱人的浅棕色，此外饼干的口感也会变得更加松脆。

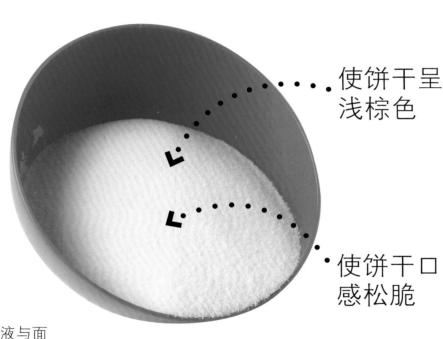

使饼干呈浅棕色

使饼干口感松脆

鸡蛋

鸡蛋能让饼干膨胀，同时蛋液与面粉牢牢地结合在一起，经烤箱加热凝固，使饼干成型。

让饼干膨胀

使饼干成型

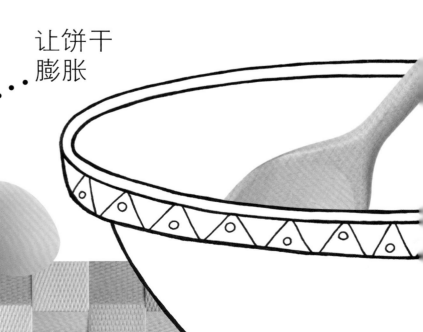

给饼干
提味

使饼干
酥脆

黄油

黄油中的脂肪会包裹住一部分面粉，从而阻断面粉与配方中其他液体的接触，使饼干变得酥脆。同时，黄油还能给饼干提味。

面粉

配方中面粉的含量决定了饼干的口感是酥脆的还是耐嚼的。当面粉比例较高时，做出的饼干会更耐嚼；反之面粉越少，饼干越酥脆。

面粉的含量决定了
饼干的口感是酥脆
的还是耐嚼的

为什么饼干是扁平的？

在烘焙过程中，饼干中的黄油和白砂糖逐渐融化，使得面团由球状变成扁平状。

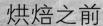
烘焙之后

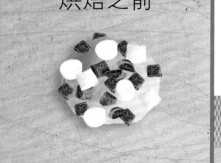
烘焙之前

面团变成
扁平状。

花式饼干

这种做饼干的酥性面团准备起来简单快速，这样你就有充足的时间进行其他有趣的环节——擀面和把面饼切成不同的形状。

把面饼切成你喜欢的

做出的饼干足够

蜻蜓

所需食材：

225 克黄油，
切成小块

125 克白砂糖

一个鸡蛋

一茶匙
香草精

275 克普通面粉

形状，然后烤成浅棕色。

你与朋友一起分享。

蝴蝶

糖霜饼干

这种酥脆的饼干十分美味，当然你也可以给它们加些装饰。翻到第14~15页，那里有糖霜饼干的做法。

工具：

· 搅拌碗 · 木勺
· 面粉筛 · 保鲜膜
· 擀面杖 · 饼干模具
· 烤盘 · 抹刀
· 冷却架

1小时
（包括30分钟的冷藏时间）

8~10
分钟

制成
30
块饼干
（取决于模具的大小）

准备饼干酥性面团

按以下 4 步准备饼干酥性面团会非常简单。

打发

1 把搅拌碗里的黄油和白砂糖打发，直到混合物变得柔软蓬松，颜色略有变化。

搅拌

2 加入蛋黄和香草精，并搅拌均匀。再加入过筛的面粉，继续搅拌。

揉捏

3 双手配合将面粉揉成面团。如果有小面块掉落，把它们粘在面团上继续揉，直到把面揉成一个实心球体。

包裹

4 用保鲜膜将面团包好，放进冰箱冷藏 30 分钟，而后你就可以开始制作饼干了。

制作花式饼干

擀面

1 将烤箱预热至 180℃。在案板上撒些面粉，然后将面团擀成大约 0.5 厘米厚的面饼。

切成不同形状

2 使用饼干模具将面饼切成面片。把边角料重新揉成面团，擀成面饼后切出更多面片。

3 将面片放到不粘烤盘上，而后放进烤箱里烘焙 8~10 分钟。最后把烤好的饼干放到冷却架上冷却。

糖霜饼干

用糖霜和装饰彩糖，让你的饼干变成美味的艺术品吧。

100 克糖粉

\+

3 茶匙水

\+

几滴食用色素

\=

彩色糖霜

1 往碗里加入糖粉，而后加入水。水要一滴一滴地加，并不停搅拌。而后滴入食用色素，并搅拌均匀。

2 用小勺将糖霜抹在饼干上，再加上装饰彩糖，等待糖霜凝固。

用糖霜笔完成更细致的装饰。

制作几朵花或建造一座花园。

工具：
· 抹刀 · 保鲜膜
· 擀面杖 · 烤盘
· 冷却架

花朵饼干

这些花不仅看上去很好吃，而且确实十分美味。使用你喜欢的各色食用色素来制作螺旋状的花朵饼干吧。

所需食材：

饼干酥性面团
（见第 12 页）

几滴食用色素

一汤匙
可可粉

15	12~14	制成
分钟（不包括15~30分钟的冷藏时间）	分钟	26块饼干

制作花朵饼干

以下是制作巧克力花朵饼干和粉色花朵饼干的方法。你可以在第 2 步添加喜欢的颜色。

切分 ⚠

包裹

1 将烤箱预热到 180℃。把面团分成 4 等份，并分别揉成面团。

2 往其中一个面团里滴几滴食用色素，然后将色素均匀地揉进面团里。将可可粉揉进另一个面团里。

3 如果添加色素的面团变软了，就用保鲜膜把它包好，放进冰箱冷藏 15~30 分钟。

擀面

4 把粉色面团擀成长方形面饼。再把一个原色面团擀成同样大小的长方形面饼。

5 如图所示，把原色面饼摞在粉色面饼上，切掉多余的部分，然后把它们卷起来。

切片

6 将卷好的面饼切成约 1 厘米厚的小段。然后重复第 4~6 步，处理另外两个面团。

7 将切好的小段分散放在不粘烤盘上，烘焙 12~14 分钟。而后将烤好的饼干放在冷却架上冷却。

超大版
依照上述方法，将 4 块擀好的面饼摞在一起并卷起来，而后切成小段进行烘焙，超大的螺旋状花朵饼干就做好了。

曲奇
制造机

所需食材：

100 克黄油，
切成小块

一个鸡蛋

125 克白砂糖

1/2 茶匙
香草精

150 克自发粉

曲奇工厂

依照这个简单的配方做出各种各样的曲奇，把厨房变成你的私人曲奇工厂，然后等着订单如潮水般涌来吧！

50 分钟（包括30分钟的冷藏时间）	15 分钟	制成 16 块饼干

工具：

• 大号搅拌碗 • 电动打蛋器或手动打蛋器
• 木勺 • 面粉筛 • 两个烤盘
• 毛巾 • 烘焙纸 • 冷却架

曲奇运输车

把曲奇装进盒子里，寄给朋友们。

制作曲奇

首先准备好酥性面团，然后在面团上添加装饰配料。你可以随意搭配，制作各种各样的曲奇。

搅拌

1 将烤箱预热到 180℃。用手动打蛋器或电动打蛋器将黄油和蛋液打发，直至混合物变得发亮且蓬松。

2 加入白砂糖和香草精，用木勺搅拌均匀。而后加入过筛的面粉，过筛时面粉要少量、分次加入。

3 用木勺将面粉混入其中，直到形成一个柔软的面团。在搅拌碗上盖一块湿毛巾，而后将其放进冰箱冷藏 30 分钟。

揉面团

4 用双手将面团揉成 16 个小面团，并均匀地摆放在铺好烘焙纸的烤盘上。

你可以一次做出各种各样的曲奇，只需添加不同的装饰。

装饰

5 用手轻轻地把小面团按扁，并在它们的上面添加一些装饰。把它们放进烤箱烘焙 15 分钟，而后移至冷却架上冷却。

烘焙时，曲奇会逐渐摊开，所以摆放时要在曲奇间留出充足的空间。

制作巧克力曲奇

做巧克力曲奇很简单，只需要在第 2 步过筛面粉以前，往面粉里加两茶匙可可粉。

普通巧克力曲奇

双倍巧克力棉花糖曲奇

更多发现

烤箱里发生了什么？

将蛋糕糊放进烤箱，然后就像变魔法一样，松软的蛋糕出炉了。其实真相是高温加上一些化学反应使原料变成了蛋糕。

烤箱非常烫，所以靠近烤箱时一定要小心，务必请家长帮你把食物放进和取出烤箱。

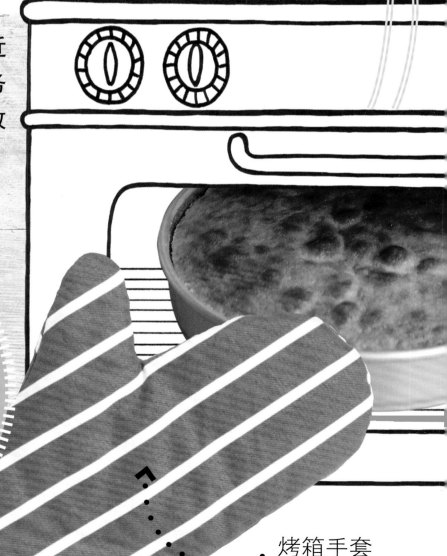

不要打开烤箱门！

如果你在烘焙过程中打开了烤箱门，蛋糕可能会无法正常膨胀，甚至出现回缩。高温使蛋糕糊中的气泡变大，从而帮助蛋糕糊膨胀。打开烤箱门会使烤箱内的温度下降，气泡变小，蛋糕糊回缩。因此，只有当烘焙时间至少超过要求时长的 3/4 时，才可以打开烤箱门。

烤箱手套

闻起来棒极了！

烤箱预热

在将蛋糕糊放进烤箱以前，你需要先确认烤箱的预热温度是否正确。

蛋糕的制作原理

准备蛋糕糊时，在打发黄油和白砂糖的过程中会产生许多小气泡。而后加入的鸡蛋和面粉会把这些气泡包裹起来。经烤箱加热，气泡变大，蛋糕糊随之膨胀。当温度足够高时，蛋糕糊开始凝固（变成固体），蛋糕就成型了。

小气泡

大气泡

透过烤箱上的玻璃窗观察蛋糕的膨胀过程。

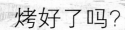

为了保险起见，请先设定烘焙时间。

烤好了吗？

用一根牙签或生意大利面插入蛋糕，测试蛋糕是否烤好。如果抽出的测试工具没有粘上蛋糕糊，就证明蛋糕已经烤好了。

这些纸杯蛋糕

来自天堂的 纸杯蛋糕

简单易做，

柔软又富有弹性，并且轻如空气——咬一口这种来自天堂的美食，你会感觉整个人幸福得都要飘起来了。

所需食材：

150 克白砂糖

一茶匙 香草精

150 克黄油， 切成小块

150 克自发粉

3 个鸡蛋

工具：

• 搅拌碗 • 电动打蛋器
• 小碗 • 叉子 • 面粉筛
• 刮刀 • 两个麦芬盘
• 20 个纸托
• 勺子 • 冷却架

30 分钟　　15 分钟　　制成 20 个纸杯蛋糕

又十分美味，让你忍不住

想多吃几个。

糖霜纸杯蛋糕

这些普通的纸杯蛋糕已经很美味了，你还可以给它们涂上糖霜。翻到第 30~33 页，寻找糖霜纸杯蛋糕的配方和设计灵感。

纸杯蛋糕的中间高高鼓起。

准备蛋糕糊

在打发黄油和白砂糖时，大量空气会进入混合物中。这个过程非常重要，因为进入的空气能帮助蛋糕在烤箱中膨胀。

1 在碗里打发白砂糖和黄油，直至混合物变得柔软蓬松。

打散蛋液

2 在另一个碗里用叉子打散蛋液和香草精的混合液。

3 将蛋液倒入打发的黄油和白砂糖中，搅拌均匀。

筛入面粉

4 向碗里筛入面粉。你可以用手轻拍面粉筛，使面粉加速落入碗中。

搅拌

5 用刮刀搅拌，小心不要把气泡压破。

制作纸杯蛋糕

1 将烤箱预热到180℃。在并排放好的两个麦芬盘里放上20个纸托。

2 用勺子把蛋糕糊分到纸托里。

一旦蛋糕冷却，就可以将它们放进冰箱冷藏了。

3 把麦芬盘放进烤箱里烘焙15分钟，直到蛋糕表面呈金黄色，并且刚好变得紧实。把蛋糕留在麦芬盘上冷却5分钟，而后移至冷却架上继续冷却。

糖霜纸杯蛋糕

糖粉

从纸上剪去一个心形做模板，在蛋糕顶部筛一些糖粉，做成简单又可爱的装饰。

一汤匙糖粉

⚠ **1** 用剪刀在烘焙纸上小心地剪出模板。

2 将模板固定在蛋糕顶部，然后在上方过筛糖粉。

奶油奶酪糖霜

不用黄油，用奶油奶酪也能做出浓稠的奶油奶酪糖霜。

 200 克奶油奶酪 ＋ 两汤匙糖粉

1 将奶油奶酪和糖粉加入中号搅拌碗中。

2 不停地搅拌，直到混合物变得细腻而又极易涂抹。

甘纳许

如果想要甘纳许的味道更加香甜，可以加入白砂糖。

 225 克黑巧克力 **+** 250 毫升重奶油

1 将黑巧克力放进隔热碗里。加热重奶油，在它刚刚沸腾时，把它迅速浇在黑巧克力上。

2 不停搅拌，直至黑巧克力融化并与重奶油混合均匀。静置 5 分钟后继续搅拌，直到甘纳许变得容易定型。

黄油糖霜

把黄油和糖粉混合打发，直至它们变得柔滑细腻。

 75 克黄油，切成小块 **+** 175 克糖粉 **+** 几滴食用色素

1 将糖粉筛入碗中，加入黄油，并用木勺搅拌。

2 加入食用色素和一二茶匙水，将其打发，直至混合物变得柔滑细腻。

装饰纸杯蛋糕

在蛋糕上添加一些装饰，完成你独创的纸杯蛋糕作品吧。

这是用甘纳许和糖豆制作的经典款。

彩色糖霜粗

猫头鹰蛋糕

棉花糖小羊

蝴蝶蛋糕

将纸杯蛋糕的顶部切下来并一分为二。在另一个纸杯蛋糕上涂些奶油奶酪糖霜，再放上切好的蛋糕顶部做蝴蝶翅膀。

糖粉
糖粉
糖粉

用甘纳许和糖霜笔添加细节。

涂抹

用勺背从蛋糕中间开始涂抹甘纳许。

糖豆

蝴蝶脆饼

纸杯蛋糕的艺术

是时候发挥你的想象力了！把纸杯蛋糕变成小虫子、其他动物或小怪物，也可以做成符合公主气质的漂亮小蛋糕。从这两页的图片中寻找灵感，然后开始设计吧。

15
分钟

30
分钟

制成
8~10
人份

斑点蛋糕

让我们疯狂一把，来做一个带豹纹或虎斑纹的蛋糕吧。站在蛋糕旁，赶走那些垂涎它的家伙们。

所需食材：

蛋糕糊
（见第 28 页）

两汤匙可可粉

工具：

• 烘焙纸 • 剪刀
• 直径 18 厘米的圆形
蛋糕模具
• 大勺子
• 小号面粉筛 • 黄油刀

制作斑点蛋糕

蛋糕上的斑点其实是巧克力蛋糕，只要往蛋糕糊里加些可可粉即可。始终在同一个搅拌碗里操作，能减少清洗工作。

1 将烤箱预热到 180℃。剪一张与蛋糕模具大小相符的圆形烘焙纸，然后在蛋糕模具里抹上油，铺上烘焙纸。

2 把蛋糕糊一勺一勺地舀到蛋糕模具里，注意每勺蛋糕糊之间要留出足够的空间。当你已经舀出大约一半的蛋糕糊时，就可以停下来了。

3 用小号面粉筛把可可粉筛进剩余的蛋糕糊中。如果面粉筛上有结块的可可粉，可以用勺背把它们碾碎。

4 用勺子不停地搅拌，直到蛋糕糊变得细腻而有光泽，用来做成斑点的蛋糕糊就准备好了。

5 把混有可可粉的蛋糕糊一勺一勺地舀到蛋糕模具里。用大勺子可以做出大斑点，用小勺子可以做出小斑点。

待蛋糕冷却后，把它切成 8~10 块。每一块蛋糕都拥有独一无二的斑点。

6 要想弄出条纹效果，需要用黄油刀在蛋糕糊间慢慢移动。把蛋糕糊放进烤箱里烘焙 30 分钟，或者用牙签测试，直到从蛋糕里抽出的牙签上没有蛋糕糊。

菠萝

翻转

蛋糕

这种上下颠倒的蛋糕打破了蛋糕的常规做法：从蛋糕顶部开始制作，最后制作底部。

在这个颠倒的世界里，你还会吃那些
正面朝上的蛋糕吗？

10 分钟	25~30 分钟	制成 8 人份

所需食材：

蛋糕糊
（见第 28 页）

7 片去掉中间
硬芯的菠萝

7 颗糖渍樱桃

工具：

· 直径 20 厘米的圆形
　活底蛋糕模具
· 烘焙纸
· 大勺子
· 大盘子

制作翻转蛋糕

这种神奇的蛋糕是一道美味的甜品，在聚会上这道具有热带风味的美食可以用来招待宾客。它和冰淇淋搭配会更美味哦！

涂抹黄油

1 将烤箱预热到190℃。在蛋糕模具里涂抹黄油，然后铺上一张烘焙纸。

摆放菠萝片

2 在涂抹过黄油的蛋糕模具底部摆放菠萝片。如果菠萝片的边缘出现重叠，你可以试着切下来一点。

翻转蛋糕

1 请家长帮你把烤好的蛋糕从烤箱中取出，并静置少许时间冷却，而后把一个比蛋糕模具略大的盘子盖在蛋糕上。

给蛋糕翻个儿

2 请家长带上烤箱手套，用一只手托着蛋糕模具，另一只手放在盘子底部，快速将蛋糕翻个儿。

3 将樱桃放在切掉菠萝硬芯后空出的位置，确保樱桃长蒂的一端朝上——把蛋糕翻过来以后，你就明白为什么要这样做了。

盖住水果

4 小心地用蛋糕糊覆盖水果，并用大勺子把蛋糕糊的表面抹平。把蛋糕模具放进烤箱里烘焙 25~30 分钟，直至蛋糕表面呈金黄色。

3 小心地将蛋糕模具的外圈取下来。向上提起外圈以前要先轻轻地晃动几下，这样有助于蛋糕与模具分离。

瞧！

4 最后取下蛋糕模具的底部，来看看蛋糕的全貌吧。不错吧！你可以趁热吃，也可以等蛋糕冷却以后把它切成小块慢慢享用。

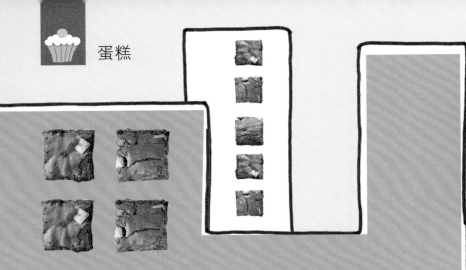

布朗尼塔

外层结实耐嚼，内里胶黏甜腻，非这些布朗尼莫属！

所需食材：

250 克黄油，
切成小块

275 克黑巧克力
（可可含量为 70%）

275 克白砂糖

3 个大鸡蛋

一茶匙香草精

225 克普通面粉

75 克白巧克力

工具：

- 平底锅
- 木勺
- 大号搅拌碗
- 电动打蛋器或手动打蛋器
- 边长 23 厘米的正方形
  蛋糕模具
- 烘焙纸
- 冷却架

20
分钟

20~25
分钟

制成
36
块

制作布朗尼

在搅拌这种黏稠而有光泽的布朗尼糊的过程中，你将获得无限的乐趣。在烘焙的过程中要时刻注意烤箱，布朗尼的内里应该是略显胶黏的。

我想在布朗尼里多加些白巧克力。

融化

1 将烤箱预热到180℃。低温加热融化黄油和巧克力，并不时搅拌，待黄油巧克力浆稍稍冷却。

2 用电动打蛋器或手动打蛋器将白砂糖、鸡蛋和香草精混合打发，直到混合物变得松软，且颜色变浅。

倒入

3 将黄油巧克力浆一点一点地倒入上一步打发的混合物中，用电动打蛋器或手动打蛋器搅拌均匀。

4 少量多次加入面粉，每次加入少量面粉后要用木勺不停搅拌，直到面粉全部加完。

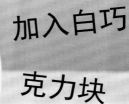

加入白巧克力块

加入替代品
如果你不喜欢白巧克力，也可以用牛奶巧克力、坚果或葡萄干代替。

5 加入白巧克力块并不停搅拌，直到它们均匀地分散在布朗尼糊中。

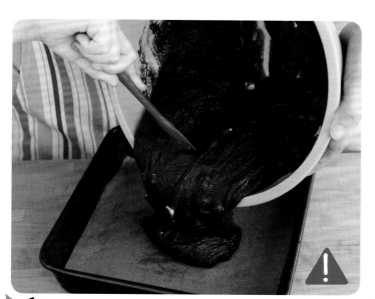

6 将布朗尼糊倒入铺好烘焙纸的蛋糕模具里，放进烤箱烘焙 20~25 分钟，直到布朗尼刚刚凝固，中间略显胶黏。

7 把烤好的布朗尼留在蛋糕模具里冷却 10 分钟，而后放到冷却架上冷却。等布朗尼凉透以后，揭下烘焙纸，把它切成小方块。

面团为什么会膨胀？

更多发现

由水和面粉揉成的具有弹性的面团能困住由酵母产生的气泡，这就是面团会膨胀的原因。

为什么要揉面？

揉面是为了让面有弹性。当面团弹性足够时，面团就能留住由酵母产生的气泡。当气泡越来越多时，面团就会开始膨胀。

1 用掌根向下按压并推揉面团。

2 拉起面团的一端对折。

3 把面团翻过来，继续揉。

面团膨胀的过程

我们将面团膨胀的过程称为发酵。发酵通常是在温暖的环境中进行的。在将面团放进烤箱烘焙以前，酵母会一直保持活性。

什么是酵母？

酵母是一种活的真菌。干酵母并不活跃，将其加入温水后再加入面粉中，酵母会以面粉中的糖分为食，而这一过程会伴有气体生成，从而让面团膨胀。

发酵开始

推

把面团向远离自己的方向推压，使其伸展。

抻

把面团拉向自己，使其拉伸，然后给面团翻个儿。

让面团弹性十足。

半小时后

持续生成的气泡被困在面团里，使碗里的面团高高地膨起。

一小时后

大气泡

微小的气泡

可分享的 手撕面包

这种自制的手撕面包应该算是自切片面包问世以来最棒的发明。用它来招待朋友时，你一定会得到连连称赞。

所需食材：

450 克高筋面粉

7 克干酵母

一茶匙盐

一茶匙 白砂糖

250~275 毫升 温水

牛奶

工具：

·大号搅拌碗·大勺子·毛巾
·直径 23 厘米的圆形蛋糕模具
·糕点刷·冷却架·案板

20
分钟
（不包括90
分钟的发酵
时间）

30
分钟

可分成
7
块的手
撕面包

制作韧性面团

自制面包其实比你想象的容易。你也可以按照这个食谱做全麦面包，只需要将高筋面粉换成全麦高筋面粉。

倒入

1 将面粉、盐、白砂糖和干酵母加入大号搅拌碗里。在面粉中间挖个洞，向其中倒入温水。

结合

2 用勺子和面。当面团变得很黏以后，把手弄湿，而后把小块的面揉成一个大面团。

推揉

3 在案板上撒些面粉。揉面10分钟，不断地推揉、抻拉、折叠，直到面团变得柔软。

覆盖

4 把面团放回碗里，盖上湿毛巾，放到温暖的地方发酵1小时，或者直到面团膨胀到原来的两倍大。

5 一旦面团膨起，就开始揣面——轻轻地捶击面团中间。而后在撒了面粉的案板上轻轻揉几下面团就可以了。

制作手撕面包

圆润有妙招
把面块的边缘叠向中心，这时面块的底部也被拉伸，就做出圆润又饱满的面团了。

弄成面团 ⚠️

撒
撒
撒

1 将烤箱预热到220℃。将面团分成7等份，或者按照蛋糕模具的大小决定分成几份，然后将每块面都弄成一个小面团。

刷牛奶

2 给蛋糕模具抹上黄油后，把面团相互紧贴着放入其中，然后盖上湿毛巾，发酵30分钟。

3 用糕点刷给面团顶部刷上牛奶。

4 撒上你选定的配料，把蛋糕模具放进烤箱烘焙约30分钟，直到面包变成金黄色，把它放到冷却架上冷却。

所需食材：

韧性面团
（见第 50 页）

番茄意面酱
或番茄泥

绿甜椒　　　橄榄

蘑菇　　　甜玉米粒

意大利辣香肠　　罗勒叶

洋葱　　　马苏里拉
　　　　　奶酪碎

工具：

· 擀面杖 · 汤匙
· 案板 · 刀
· 两个烤盘

比萨饼小人

15
分钟

10~15
分钟

做
4
个比萨饼

和宠物

汪汪!

制作比萨饼小人和宠物

给比萨饼做表情既简单又充满乐趣。你会做成什么样呢？它可能是一个快乐的人，或者是一个搞怪的人，甚至可能像某个你认识的人。

擀面

1 将烤箱预热到220℃。将面团均分成4份，在案板上撒上面粉，将每块面都擀成圆形的比萨饼皮。

涂酱汁

2 将饼皮放到烤盘上，在每个饼皮上涂一汤匙酱汁。你可以使用现成的番茄意面酱或番茄泥。

比萨饼示例

汪汪！

蘑菇耳朵、橄榄眼睛

西兰花头发、洋葱眼镜

撒奶酪碎

做表情

3 在涂满酱汁的饼皮上撒上马苏里拉奶酪碎。另外 3 个比萨饼皮也同样处理。

4 用你选择的配料给比萨饼做表情，然后把烤盘放进烤箱烘焙 10~15 分钟，直到饼皮变脆，所有配料都熟透。

比萨饼烤好后，再加些菜叶做头发。

玉米笋鼻子、培根眉毛

吱吱！

做表情
你可以用各种不同的原料给比萨饼做表情，从这两页的示例中寻找灵感吧。

面包棒

韧性面团也可以做出奶酪口味、香脆可口的面包棒。

这种面包棒通常是聚会和野餐时的零食。你也可以制作原味面包棒，搭配蘸酱十分理想。

所需食材：

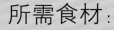

韧性面团
（见第 50 页）

150 克车达
奶酪碎

15
分钟

10～12
分钟

制成
36
根面包棒

工具：

· 擀面杖 · 案板
· 比萨饼刀或普通刀具
· 烤盘

擀面

1 将烤箱预热到 220℃。把韧性面团放在撒了面粉的案板上，擀成长方形面饼。

切面

2 沿着面饼的短边，用比萨饼刀或普通刀具将面饼切成大约 1 厘米宽的长条。

揉面棒

3 将面从长条揉成圆棒，而后放到烤盘上。

撒奶酪碎

4 在面棒上撒些奶酪碎，而后把烤盘放进烤箱烘焙 10~12 分钟。待面包棒冷却后即可食用。

弹力面包

现在让我们开启意大利风味的面包之旅吧！这种弹性十足的面包需要添加罗勒叶和番茄，经常搭配汤和沙拉一起食用。

所需食材：

韧性面团
（见第 50 页）

一把罗勒叶

10 个樱桃番茄

50 毫升
橄榄油

工具：
· 擀面杖
· 烤盘
· 案板
· 毛巾
· 刀

在意大利，这种面包被称为福卡恰。

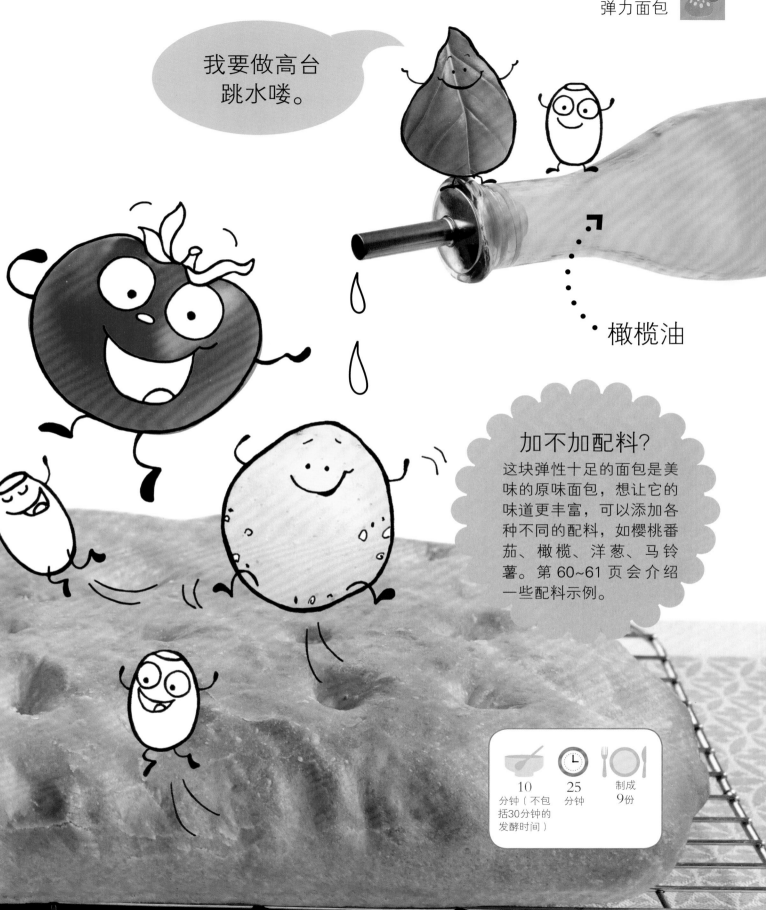

我要做高台
跳水喽。

橄榄油

加不加配料?

这块弹性十足的面包是美味的原味面包，想让它的味道更丰富，可以添加各种不同的配料，如樱桃番茄、橄榄、洋葱、马铃薯。第 60~61 页会介绍一些配料示例。

10
分钟（不包括30分钟的发酵时间）

25
分钟

制成
9份

制作弹力面包

你能通过面包上的小洞很快地辨认出它。这些小洞是用手指戳出来的，它们能让面团更均匀地膨起，同时也为橄榄油提供了暂存之地。

擀

1 将烤箱预热到220℃。将面团擀成符合烤盘尺寸的长方形面饼。

揿

2 把面饼放进抹过油的烤盘里，适当地揿一揿面饼，使它充满整个烤盘，然后盖上湿毛巾，发酵30分钟。

戳

3 用手指在面饼上戳一些小洞，或者你也可以用木勺把儿戳。

配料示例

樱桃番茄和罗勒叶

马铃薯和迷迭香

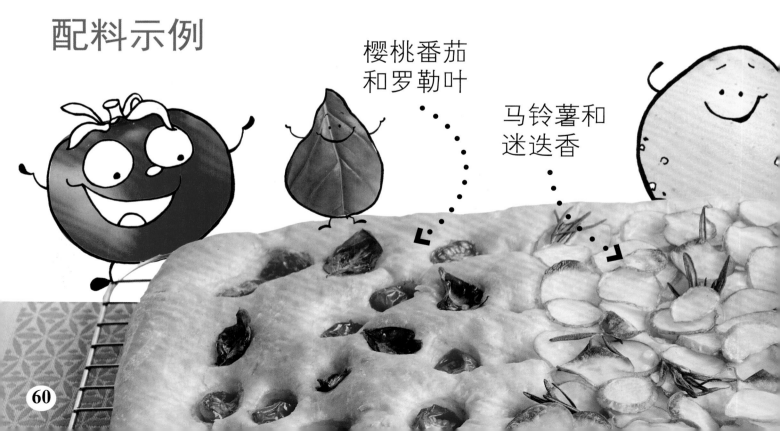

装饰

洒

4 现在可以加配料了。将樱桃番茄切成两半，而后压进面饼里，再在樱桃番茄之间压进罗勒叶。

5 在面饼上洒些橄榄油，再撒些盐。而后把面饼放进烤箱烘焙大约 25 分钟，直至面包的表皮变成金棕色。

橄榄

洋葱

加些配料吧！
要想做出不同种类的面包其实很简单，只需在第 4 步添加不同的新鲜配料。烤面包的同时配料也熟了。

面饼切模

点心为什么易碎？

最好的点心是松软易碎并且入口即化的。要想做出这种点心，你需要面粉和黄油，外加一个小窍门。

揉搓：将黄油和面粉揉搓在一起，使黄油中的脂肪包裹住面粉颗粒，这样面团就无法膨胀了。

冷藏：处理时间太长会让面团变软，因此面团揉好后，应冷藏一段时间再进行下一步。

大厨的小窍门

"你要时刻保持冷静，酥性面团要保持低温"，这是大厨给出的建议。因为手的温度会使面团里的黄油融化，让面团变得黏糊糊的。把酥性面团放进冰箱冷藏，做点心时也要尽可能加快速度，让面团没有时间升温。

冷藏

面粉罐

撒满面粉
即使是刚从冰箱里取出的酥性面团仍然粘案板。给双手、擀面杖和案板都撒上面粉，会让擀面变容易，擀起来也更快。

擀面杖

烤熟的点心很易碎

擀面：快速且自信地将面团擀成面饼，不要擀得太久哦。

女王的

夏日里，到处都弥漫着蛋挞女王烘焙的果酱挞的味道。

果酱挞

使用这种仅需4种原料的简单配方，就能做出果酱挞。

所需食材：

225 克普通面粉　　100 克黄油　　3 汤匙水　　草莓酱

工具：

- 案板・勺子・汤匙・保鲜膜
- 麦芬盘・大号搅拌碗
- 擀面杖・面饼切模
- 冷却架・小号曲奇模具

| 30 分钟（不包括30分钟的冷藏时间） | 15 分钟 | 制成 24 个果酱挞 |

制作点心酥性面团

虽然制作点心酥性面团比你想象的容易，但要想做出美味的
果酱挞，你需要遵守以下准则：不要过度处理面团；揉好面团后
应把它放进冰箱冷藏一段时间。

揉搓

1 将黄油和面粉加入搅拌碗里，用手指把它们揉搓在一起，直到它们变得像面包渣一样。

加水

2 以少量多次的方式向碗里加入 3 汤匙水。如果你愿意，也可以事先用量杯将水一次量好。

3 用手将面捏成一个面团，但不要过度处理。现在搅拌碗里应该没有残留的小面块了。

包裹和冷藏

4 用保鲜膜把面团包好，放进冰箱冷藏半小时，或等面团变硬之后再取出来。

制作果酱挞

撖

切

1 将烤箱预热到 200℃。把面团撖成 4 毫米厚的面饼。

2 用面饼切模切出圆面片。保留边角料，用于制作果酱挞顶部的装饰。

3 把圆面片压进麦芬盘里，注意圆面片的边缘要高出麦芬盘一点。

加

4 用勺子在圆面片上加两勺果酱。用小号曲奇模具将边角料切成果酱挞顶部的装饰。

5 把切好的顶部装饰放在果酱上，再把麦芬盘放进烤箱烘焙 15 分钟，出炉后放在冷却架上冷却。

35 分钟

15~20 分钟

制成 12个蔬菜 车轮挞

蔬菜车轮挞

这种咸味蛋挞适合外带食用，你可以把它们装进野餐篮或午餐盒里。

所需食材：

点心酥性面团
（见第 66 页）

125 克甜玉米粒

125 克红甜椒，
切丁

工具：

· 擀面杖 · 面饼切模
· 直径 6 厘米的圆形蛋挞模具
· 案板 · 叉子
· 刀 · 量杯
· 烤盘

125 克西兰花

30 克奶酪碎

两个鸡蛋

100 毫升奶油

100 毫升牛奶

制作蔬菜车轮挞

一旦你学会做果酱挞，就能马上做出这种蔬菜车轮挞。把它们烤好后可以趁热吃，晾凉后再吃也同样美味。

擀面

1 将烤箱预热到 200℃。把面团擀成 4 毫米厚的面饼。

2 用面饼切模将面饼切成圆面片，也可以用杯口切。

3 在每个蛋挞模具中放上一个圆面片，让面片紧贴模具并适应模具的大小。

4 用手或刀把西兰花弄成小块，让西兰花的大小更适合蔬菜车轮挞。

填

5 用甜玉米粒、红甜椒和西兰花填满车轮挞的 3/4，然后将蛋挞模具放在烤盘上。

6 将蛋液打散，然后加入牛奶和奶油，并搅拌均匀。

打散

火腿奶酪车轮挞

用制作蔬菜车轮挞的方法也能制作火腿奶酪车轮挞，唯一的不同是要在第5步另加切碎的熟火腿。

倒入

7 将混合液倒进车轮挞里，然后撒上奶酪碎。把烤盘放进烤箱烘焙15~20分钟，直至混合液凝固，出炉冷却后就可以吃了。

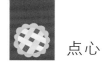 点心

水果船

把这条载满水果的小船当作美味的甜点，快来尝尝吧。

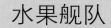

水果舰队
我们用船形蛋挞模具做出这些水果船，你也可以使用圆形蛋挞模具。

 工具：

- 擀面杖 · 船形蛋挞模具
- 烘焙纸 · 烘焙豆或干豆子
- 搅拌碗 · 木勺
- 案板 · 刀

 20 分钟　 13 分钟　 制成 16 个水果船

所需食材：

点心酥性面团
（见第 66 页）

150 克
马斯卡彭奶酪

两汤匙糖粉

1/2 茶匙
香草精

黑莓

桃子

蓝莓

草莓

猕猴桃

山莓

制作水果船

烘焙水果船时不需要在挞皮中添加任何配料，这就是所谓的盲焙。为了让挞皮保持形状，我们可以在里面放些烘焙豆或干豆子。

1 把面团擀成面饼。把面饼切成比模具略大的长方形面片。在每个模具上放一个面片，然后把面片按进模具里。

2 用擀面杖从模具上滚过，去掉多余的部分。将烤箱预热到 200℃。

3 将烘焙纸剪成适合模具的大小，铺在挞皮上。然后在模具里装满烘焙豆，把它们放进烤箱烘焙 10 分钟。取出烘焙豆和烘焙纸后再烘焙 3 分钟。

搅拌

4 先让挞皮冷却，然后用刀把它们弄出模具。在搅拌碗中加入奶酪、糖粉和香草精，搅拌均匀。

切

5 洗净你要用的水果。将大一些的水果切成适合挞皮的大小，记得切几个适合做船帆的形状。

当心，海盗来啦！

6 在冷却了的挞皮里装满混合好的奶酪，最后摆上水果。快来尝尝吧！

半圆鸡肉馅饼

这种半圆鸡肉馅饼是在馅料外包裹一层酥皮，它们是自助餐和野餐的理想选择。

所需食材：

点心酥性面团
（见第 66 页）

50 克马铃薯

50 克红薯

115 克熟鸡肉
（或一块鸡胸肉）

40 克奶油奶酪

两根葱，切碎
一汤匙切碎的欧芹

一个鸡蛋，
打散

工具：

·案板·刀·搅拌碗·木勺·擀面杖
·直径 11 厘米的面饼切模·勺子
·叉子·糕点刷·烤盘·冷却架

馅饼

你可以制作出更大的半圆馅饼，它被称为西式肉馅饼，非常适合作为外带午餐。用小号餐盘切出更大的圆面片，然后按照第 78~79 页介绍的方法制作即可。

20 分钟

25~30 分钟

制成 6~8 个馅饼

叽叽!

制作半圆鸡肉馅饼

这种馅饼的馅料主要是鸡肉和蔬菜。鸡肉、蔬菜混合着奶油奶酪在烤箱中慢慢加热变熟。太美味了!

1 将烤箱预热到 200℃。将马铃薯、红薯和鸡肉全部切成大约 1 厘米宽的小方丁。

2 将奶油奶酪、切碎的葱和欧芹混合在一起,然后将其他原料也都加入搅拌碗中。

搅拌

3 将所有原料混合在一起,要确保奶油奶酪均匀地包裹在其他原料外。

切分

4 把面团擀成面饼,再用面饼切模切分。

装满一勺

5 在每个圆面片的中间加一大勺馅料。

涂抹

6 用糕点刷在圆面片的半边涂上蛋液。

对折

按压

捏边

捏边

为了让馅饼皮紧紧地粘在一起，用手指沿着面片的边缘把它们捏在一起。

7 将圆面片对折，用手指将它的边缘捏在一起，然后用叉子在馅饼上戳几个小孔。

8 把馅饼放到烤盘上，并刷上一层蛋液。把烤盘放入烤箱烘焙 25~30 分钟。馅饼出炉后，把它们放在冷却架上冷却。

每个馅饼里都包裹着美味哦。

索引

现在到整理和清洗时间了。

致谢

With thanks to: Wendy Horobin and Anne Hildyard for additional editing and James Mitchem for proofreading.

With special thanks to the models: Abi Arnold, Emily Fox, Olive Hole, Cassius Moore Cockrell, Eleanor Moore-Smith, Kaylan Patel, Edward Phillips, Dylan Tannazi, Isabella Thompson